Couverture inférieure manquante

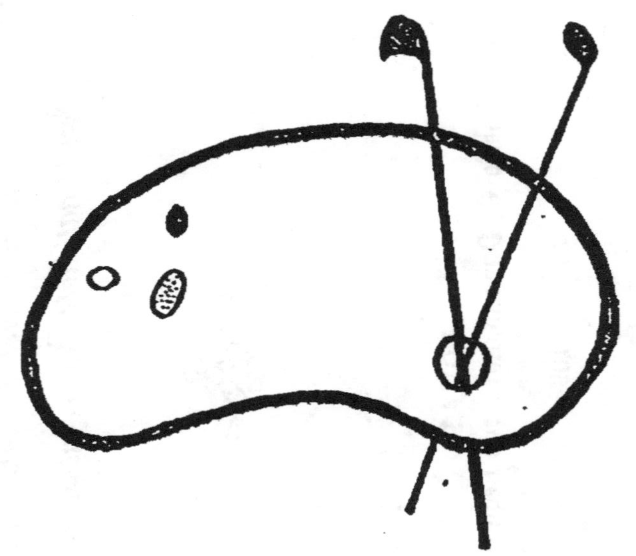

DEBUT D'UNE SERIE DE DOCUMENTS
EN COULEUR

DE LA KHROUMIRIE

AU DJERID

RÉCIT DE VOYAGE EN TUNISIE

Conférence faite devant les Sociétés de Géographie de
Lille, Tourcoing, Cambrai, St-Omer, Douai

PAR

M. le Docteur CARTON

Médecin-Major au 19e Chasseurs

Correspondant du Ministère de l'Instruction publique

Associé-correspondant national

De la Société nationale des Antiquaires de France

DOUAI

Imprimerie O. Duthilloeul, rue Léon Gambetta, 12.

—

1894

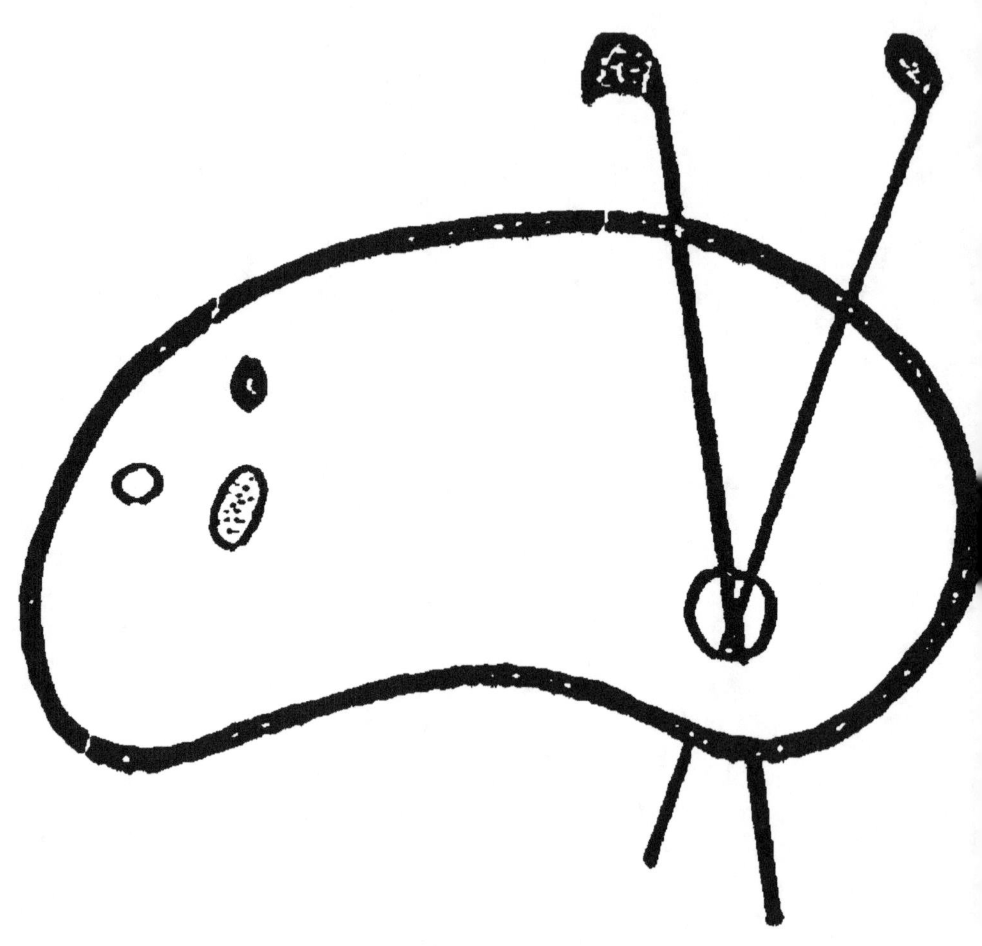

FIN D'UNE SERIE DE DOCUMENTS
EN COULEUR

DE LA KHROUMIRIE

AU DJERID

RÉCIT DE VOYAGE EN TUNISIE

Conférence faite devant les Sociétés de Géographie de
Lille, Tourcoing, Cambrai, St-Omer, Douai

PAR

M. le Docteur CARTON

Médecin-Major au 19ᵉ Chasseurs

Correspondant du Ministère de l'Instruction publique

Associé - correspondant national

de la Société nationale des Antiquaires de France

DOUAI

Imprimerie O. Duthillœul, rue Léon Gambetta, 12.

1894

DE LA KHROUMIRIE AU DJERID

RÉCIT DE VOYAGE EN TUNISIE

—

Conférence faite devant les Sociétés de Géographie de Lille, Tourcoing, Cambrai, St-Omer, Douai

Par M. le Docteur CARTON

Médecin-Major du 19ᵉ Chasseurs, Correspondant du Ministère de l'Instruction publique, Associé correspondant national de la Société nationale des Antiquaires de France

———

On a dit souvent que l'Afrique du Nord est comme le prolongement de notre belle France de l'autre côté de la Méditerranée, et de jour en jour les communications plus faciles, les nombreux voyages que les touristes font vers ce beau ciel, les domaines que s'y créent nos compatriotes justifient cette parole.

Après six années passées à parcourir la Tunisie en tous sens, les impressions que j'en ai rapportées me sont restées encore très vives, comme sont vives les couleurs et tous les souvenirs que nous laissent les choses d'Afrique

Je vais essayer de vous initier à la vie que mène le voyageur en ces contrées, vie pleine d'émotions agréables, mais aussi souvent de privations, en vous disant quelques-uns des épisodes du plus long et aussi du plus beau voyage que j'y aie fait à l'intérieur.

Aussi bien, c'est une tendance, j'allais dire un travers, de l'esprit humain que d'aimer à faire partager à son semblable ses impressions agréables ou pénibles, et ce m'est toujours une grande satisfaction que de refaire par la pensée, et surtout en une compagnie aussi apte à entendre un récit de voyage que celle qui m'écoute, ce m'est, dis-je, une grande satisfaction que de refaire les longues chevauchées dans le désert, les longues routes par les pistes sinueuses, les bivacs par les nuits sereines qui laissent de si profonds souvenirs, et même quelque regret, à ceux qui ont vécu dans le pays du soleil.

En général, écrivains et voyageurs ont peu parlé de l'intérieur de la Tunisie, et les livres qui en font la description sont rares. C'est pourquoi j'ai l'intention de vous guider aujourd'hui en plein centre, dans cette vaste région comprise entre les régions montagneuses et boisées qui s'étendent au Nord de la Medjerdah, et les profondes solitudes sahariennes situées au-delà des grands lacs salés auxquels on donne le nom de Chotts.

Nous irons donc, si vous le voulez, par la voie ferrée qui mène de Bône à Tunis, jusqu'à une des stations de celle-ci, placée aux bords du grand fleuve tunisien, la Medjerdah, et nous pénétrerons de là dans l'intérieur.

Souk el Arba est un village français, qui s'est développé là depuis notre arrivée, et qui doit la rapidité de son extension à la fertilité de la belle plaine voisine, entourées de hautes montagnes, jadis la plus riche de celles qui valurent à l'Afrique son surnom de Grenier de Rome.

Au printemps, cette plaine est un immense tapis de verdure qui couvre la surface plane et marécageuse. Ce tapis est émaillé de belles et nombreuses fleurs qui, eh France, sont l'ornement de nos jardins. La tulipe simple, qui constitue en certains points de véritables champs, l'anémone, le glaïeul, et le narcisse, au parfum si doux, y constellent les orges naissantes. Dans les dépressions humides qui forment des prairies naturelles, la pâquerette est fort abondante, et son éclatante blancheur, rendue plus éblouissante par la lumière d'un soleil ardent ferait croire, n'était la chaleur qui règne, que l'on a sous les yeux un effet de neige.

De hautes montagnes qui sont, au Nord, celles de la Khroumirie, avec leurs vastes forêts, et au Sud, les plateaux du Kef et du Gorra, entourent la plaine unie comme un lac, si plate qu'on n'aperçoit plus, quand les récoltes sont mûres, ni les campements des indigènes, ni la Medjerdah, dont le lit a cependant 7 à 8 mètres de profondeur.

Cette rivière, que l'on peut passer presque à pied sec en été, a, en hiver, des crues formidables. En quelques heures, les eaux montent de 8 à 10 mètres et menacent d'inonder tout le pays, charriant dans leurs flots tumultueux les arbres énormes enlevés aux forêts, les poutres des ponts emportés, et de nombreux cadavres d'animaux domestiques.—*(Un bac sur la Medjerdah, les jours de marché)* (1).

Lorsque j'étais médecin de la voie ferrée et chargé d'aller, par suite, de station en station donner mes soins aux employés de la Compagnie, j'ai été arrêté plus d'une fois par l'écroulement d'un pont, par la destruction d'un mur, qui empêchaient le passage des trains.

(1). Les mots en italique indiquent les projections faites au cours de la conférence.

Cette rivière a, en effet, comme toutes celles de l'Afrique du Nord, les allures d'un torrent. Et cela s'explique très bien quand on sait que, depuis l'époque quaternaire, les sources ont si brusquement diminué que les cours d'eau n'ont pas eu le temps de s'y creuser de ces diverticules, de ces lits secondaires qui, lors des crues, servent de réservoirs et atténuent la violence des flots.

Quoiqu'il en soit, la fertilité de cette immense surface couverte d'alluvions fait que, de tout temps, il y a eu dans cette plaine des marchés considérables. Souk el Arba (qui signifie le marché du mercredi) était, lors de notre arrivée, le plus important d'entre eux. C'est pourquoi on décida d'élever un camp en ce point, où plusieurs milliers d'Arabes se réunissent chaque semaine.

Quand nos troupes y arrivèrent, il n'y avait là que la gare, toujours vide de voyageurs, et l'on ne voyait, à l'entour, aucune habitation. On construisit d'abord les baraques du camp, on y planta des eucalyptus — et ces arbres après 4 ans avaient atteint plus de 5 mètres de hauteur.—On y créa des jardins qui font encore l'admiration des visiteurs.

Les inévitables vivandiers, qui accompagnent partout les gens de guerre, s'établirent dans les environs. On commença d'abord à élever, sans aucun souci de la ligne droite, des baraques avec des planches de caisses à biscuit, et dont le toit était formé de tôle provenant de boîtes à conserve ou de boîtes à pétrole.

Il n'y avait pas, bien entendu, de rues, et l'hiver, les chemins sinueux devenaient de véritables marécages. Le temps n'est pas éloigné où, pour nous rendre, mes camarades et moi, chez l'aubergiste qui nous servait la pitance journalière, nous avions dû faire construire un pont de bois à travers la place du village. Comme la gaieté ne perd jamais ses droits chez les Français, surtout en Afrique, un facétieux s'avisa d'y jeter des poissons qui purent y vivre quelques jours, au grand ébahissement des voyageurs qui s'arrêtaient à Souk el Arba.

Peu à peu, l'aspect du village a changé, les rues ont été rectifiées. Des maisons de pierre ont succédé aux baraques en planches, et la place du village, très animée, avec ses hôtels, ses cafés, ses boutiques, lui donne l'allure d'une petite ville.

La population est en grande partie composée d'Algériens, c'est-à-dire de gens déjà acclimatés, ce qui est d'un excellent augure pour l'avenir du village.

La plupart des Souk el Arbiens font le commerce des céréales, ce qui leur a permis, autrefois, de réaliser de beaux bénéfices. Un mien client, grec d'origine, me confia que, durant les premières années, il ne gagna pas moins de 20 à 30,000 fr. par an. Depuis, la concurrence a rendu ces spéculations beaucoup moins productives, et ces commerçants doivent déjà songer à se faire eux-mêmes agriculteurs. L'importance de ce marché justifie la présence d'une vaste halle aux grains, qui, après la récolte est souvent trop petite.

Avant de quitter cette petite ville si curieuse par son développement, je vais vous montrer quelques unes des scènes qui s'y déroulent, les jours de marché.

(Barbier.—Café maure. — Teinturerie.— Revendeur.— Forgeron. — Marchand d'huile. — Marchand d'étoffes.— Groupe de vieilles femmes.)

En dehors de Souk el Arba il existe encore dans cette plaine d'autres villages français. C'est, à 25 kil de là, Souk el Khemis, où de grands propriétaires, qui possèdent plusieurs centaines d'hectares, ont fondé de belles fermes.

Appelé souvent à soigner les familles qui s'y étaient transplantées, je retrouvais là avec bonheur la simplicité, l'honnêteté de nos paysans français.

A Souk el Khemis, c'est la vigne surtout qu'on a planté et dont les pieds les plus anciens, qui en sont, si je ne me trompe à leur 7ᵉ feuille, fournissent un vin agréable.

A 25 kil. au N.-O. de Souk el Arba, à Chemton, existe une belle scierie de marbre. C'est de ses carrières, propriété des princes numides, puis des empereurs romains, que l'on retirait ces marbres splendides, dont le plus célèbre était le jaune antique, et qui étaient charriés à travers les forêts de la Khroumirie, puis chargés à Tabraka pour orner, à Rome les palais impériaux. *(Vue des corrières de Chemton. — Groupe de jeunes filles d'Oued Meliz)*

Enfin, à Ghardimaou, où se trouve un poste de douane, car la frontière algérienne n'est qu'à 1kil., est un village dont les maisons en planches rappellent un des états par où est passé Souk el Arba.

Malgré sa fertilité, cette plaine est peu colonisée par nos nationaux. Cependant, il est peu de points qui se prêteraient aussi bien à la création de belles fermes. Sur cette couche d'alluvions, épaisse de plus de 10ᵐ., les orges, cultivées à l'arabe, atteignent souvent la taille de l'homme, et portent de gros épis.

Il y a, çà et là, de grands espaces restés incultes faute de bras, et les terres les meilleures n'y coûtent guère plus de 100 à 120 fr. l'hectare.

Nul doute que, grâce au voisinage de la voie ferrée, ce point ne devienne un jour un des plus florissants de notre colonie

Au Sud de Souk el Khemis, s'élève la falaise escarpée et sauvage qui limite le plateau du Djebel Gorra. A ses pieds, un petit village arabe, Djebba, est entouré de superbes jardins, pleins d'arbres fruitiers, qu'arrose une eau abondante, issue en partie d'une cascade qui tombe de cent mètres de hauteur, au devant du *Ksour sebâ Rgoud*, le château des Sept Dormants, curieuse construction, placée dans un trou du rocher, à 80ᵐ au dessus du pied de la muraille qui limite le plateau, et actuellement tout à fait inaccessible. Les Arabes prétendent que là dorment 6 hommes et un chien, attendant le jugement dernier.—*(Le château des sebâ Rgoud).*

De l'autre côté du Gorra, le pays est tout différent, c'est une région de vallons et de collines, où l'abondance de sources est extrême. Comme bien on le pense, les anciens avaient fortement colonisé ce coin si admirablement doté par la nature, et l'on y rencontre à chaque pas des ruines de fermes, de pressoirs. — *(La fouille du temple de Matria, par le docteur Carton. — Dolmens du Gorra.)*

Je ne puis résister au désir de vous citer, en passant, une inscription du plus haut intérêt, qui avait été à l'époque romaine dressée sur la place du village où je l'ai trouvée. C'est une loi de l'empereur Hadrien réglant la création d'un centre agricole en ce point, accordant des concessions de terrains à certaines conditions, exemptant d'impôts ceux qui créeraient des plantations, rappelant, en un mot, d'une façon frappante les moyens que nous employons nous mêmes pour attirer les colons en Afrique, à l'aide de concessions.

Teboursouk est une petite ville arabe dont les blanches terrasses et les minarets s'élèvent gaiement dans ce pays et où il y a un détachement du 3ᵉ bataillon d'infanterie légère. A ses pieds s'étendent de beaux jardins et des champs où croissent de vieux oliviers, dont quelques uns sont énormes.

L'industrie européenne commence à prendre pied à Teboursouk. Un Maltais y a établi un pressoir, et les indigènes se sont empressés d'abandonner les instruments très primitifs à l'aide desquels ils exprimaient l'huile, pour lui apporter leurs olives. Tous trouvent avantage dans cette innovation. Les Arabes obtiennent, sans travail, — ce qui va énormément à leur apathie, — un rendement supérieur à celui qu'ils tiraient de leurs grossières machines, et le Maltais m'a paru avoir réalisé de beaux bénéfices, grâce à la part d'huile qu'il prélevait comme rémunération de son travail. — *(Vue générale de Teboursouk.)*

Depuis quelque temps, les explorateurs, les agents de sociétés minières affluent là, comme, du reste, dans tout le centre de la Tunisie, et l'on y a trouvé d'importants gisements de phosphate de chaux. A quelques kilomètres de Teboursouk, un ingénieur de mes amis, qui possède près de Béjà une mine de grand rapport, vient d'ouvrir une exploitation de ce genre, où la présence du zinc sous forme de calamin et celle de plomb argentifère promettent de donner un rendement très avantageux.

Les environs de Teboursouk sont des plus pittoresques, et la beauté des sources, les ombrages des arbres ajoutent au charme des ruines qu'on y rencontre. L'une des plus belles de celles-ci est Aïn Tounga, dont je vais vous montrer quelques vues.—*(Vue générale d'Aïn Tounga, — Son temple.— Son arc de triomphe. — Sa forteresse byzantine)*.

La broussaille y occupe malheureusement de grandes surfaces, elle forme des taillis de 3 à 4 m. de hauteur où disparaissent hommes et animaux. C'est le royaume du sanglier, et l'on ne peut y aller sans voir de véritables troupeaux de ces animaux courir ou se vautrer dans les ruisseaux. La perdrix rouge abonde également. Pour vous en donner une idée je vous dirai que des chasseurs de profession ont pu, durant plus de trois mois, expédier sur Tunis, chaque jour, une charge de mulet de ces animaux, c'est-à-dire de 100 à 200, sans que ce volatile ait paru avoir diminué de nombre.

En outre du gibier il y a, dans cette broussaille, des essences végétales qui pourraient être l'objet d'une exploitation. C'est le pin d'Alep, et surtout l'olivier sauvage qui couvre une surface considérable. Des charbonniers dévastent actuellement le pays en rasant complètement les points où ils se sont installés. En leur permettant de couper, comme par le passé, le bois qui leur est nécessaire, mais à condition qu'ils laissent debout, au milieu de chaque buisson, une branche destinée à former un arbre que l'on grefferait plus tard, on arriverait, sans dépense, à changer en un bois productif toute cette plaine broussailleuse.

Ce que je viens de dire pour les environs de Teboursouk s'applique à toute la Tunisie. Et l'on pourrait agir de même à l'égard de bien d'autres essences forestières.

C'est ainsi que j'ai rencontré, à 20 kil. de la voie ferrée, sur les montagnes des environs de Teboursouk, deux bois remplis de chênes-lièges et dont l'existence, si elle est connue. ce dont je doute, n'a jamais été, à ma connaissance, officiellement protégée. Les arbustes y ont déjà 2 à 3ᵐ. de hauteur Il est certain qu'à l'aide de coupes bien réglées, on arriverait à obtenir en une dizaine d'années des individus aussi beaux que ceux de la Khroumirie, dont les chênes-lièges forment un des principaux revenus de la Tunisie.

A une trentaine de kil. au nord-est de Teboursouk se trouve Testour, village musulman dont les habitants descendent d'émigrants Maures chassés de l'Andalousie, comme l'indique bien le nom d'*Andlouss* qu'on leur donne. Pour peu que l'on ait voyagé en pays arabe, on est d'ailleurs surpris de l'aspect que présente Testour. On regarde avec étonnement les places larges et régulières, les rues tirées au cordeau — en un pays où l'on est si ennemi de la ligne droite, — et, ce qui frappe surtout, au lieu des blanches terrasses, des toits en tuiles et des minarets dont l'aspect rappelle celui de nos beffrois. Les architectes de Testour ont d'ailleurs puisé leur inspiration à la même source que nos architectes flamands. —(*Vue générale de Testour. — Sa place. — Son minaret.— Un café maure*).

Continuons à nous éloigner de la voie ferrée, et suivons la route qui va de Tunis au Kef. Nous laissons d'abord à notre droite Dougga, que ses admirables ruines ont rendu célèbre.

Je ne m'arrêterai pas à vous les décrire, j'aime mieux vous en montrer quelques vues. — (*Panorama de Dougga. — Le temple de Jupiter. — Une porte triomphale. — Le mausolée punique. — L'inscription bilingue de ce mausolée. — Le théâtre, déblayé par le Dᵣ Carton. — Le temple de Saturne. — Le dar el Acheheb.)*

Le nom antique du Kef, où nous allons entrer, Sicca Veneria, éveille certainement en vous le souvenir d'une des plus belles pages du roman de Flaubert, Salaambô. Mais combien déchue de sa grandeur est la cité de Vénus !

Il y a une vingtaine d'années, sa population était encore de 15.000 âmes. Le choléra, la famine l'ont réduite à 3,000, et elle serait encore bien moindre si l'arrivée des Français n'avait rendu quelque vie à la ville agonisante.

A chaque pas on y rencontre des maisons arabes à demi écroulées, ruines plus désolées que les vestiges romains qu'elles recouvrent.

Quelques colons se sont installés au Kef. Durant le séjour que j'y fis à l'hôpital militaire, j'aimais à aller m'asseoir chez deux modestes fonctionnaires qui employaient leurs loisirs à créer une petite vigne dans un champ qu'ils avaient acheté de leurs économies.

L'aspect du Kef est très pittoresque, ses maisons blanches s'étagent sur une colline élevée, couronnée par les murs crénelés d'une vieille forteresse, la Kasbah.—*(Vue générale du Kef.)*

On peut y voir quelques édifices antiques, une fontaine, jaillissant au centre de la ville, qui a été réparée et aménagée par nos troupes. Mais ce qu'il y a de plus intéressant, ce sont des citernes romaines, capables de contenir 5,000 m. c. d'eau, qui ont été remises à neuf et constituent à la cité de précieux réservoirs.

Au-delà des jardins qui s'étendent aux pieds du Kef est une très large vallée. A ce propos, je ferai une remarque qui vous donnera, je crois, une idée très exacte de la configuration de la Tunisie.

Les massifs montagneux développés y sont rares et on n'y rencontre point, comme en Algérie, ces immenses hauts plateaux sur lesquels on peut voyager des journées entières. Sa surface, au contraire, offre une série de plaines, séparées par des collines. Telles les plaines de Mater, de Beja, de Souk el Arba, du Krib, de Nmor, du Kef, etc., etc.

Cette disposition se prête admirablement à la fondation de villes. Placées au pied des montagnes, elles évitent les exhalaisons malsaines, les miasmes paludéens de la plaine tout en étant à portée de leurs moissons, et en servant ainsi de lieu de marché aux agriculteurs qui l'habitent comme aux habitants de la montagne. Situées, d'autre part, plus dans le voisinage de cette dernière, elles entourent les sources, qui jaillissent de préférence en ces points, et ont à quelques pas la pierre, le bois pour l'édification de leurs monuments, les métaux pour les industries de leurs artisans, l'air vif pour leurs valétudinaires. Une telle disposition n'a pas manqué de frapper les anciens, dont toutes les cités d'Afrique sont dans cette situation, quand l'orographie s'y prête.

La plaine du Sers, située au Sud du Kef, dont elle est séparée par une chaîne de collines, est précisément une des cuvettes de la Tunisie centrale les plus riches en eau et en humus. C'est le pays des prairies et de l'élevage. On y voit errer de grandes troupes de chevaux qui paissent ou galopent autour des tentes.

Zamphour est une belle ruine, située aux bords de la plaine, sur un mamelon rocheux.

Je vais vous montrer les beaux monuments que nous y avons admirés. Malheureusement, il faut compter, en voyage, avec le temps qu'il fait, et le jour où nous campâmes en ce point, il régna une telle chaleur que nous ne pûmes explorer les ruines que peu de temps avant le coucher du soleil.—*(Arc de triomphe. — Temple.)*

C'est à l'ombre d'un des beaux arcs de triomphe de la ville romaine que nous campâmes. J'avouerai que, même pour un archéologue, la plus humble masure arabe eût paru préférable à cet édifice, imposant sans doute, mais ouvert à tous les vents. Le thermomètre monta, en effet, à midi, à 41°,

Aussi cette journée fut-elle l'une des plus chaudes de ce voyage que nous avons poussé cependant jusqu'en plein Sahara, à Nefta, bien au Sud des Chotts. Nous nous étions donc installés au milieu des pierres écroulées du monument, sur nos lits de camp posés plus ou moins d'aplomb, les yeux à demi clos, fuyant l'intense réverbération du sol, immobiles sous le souffle brûlant du vent. D'énormes sauterelles, plus longues que le doigt, venaient nous troubler dans notre repos, en s'abattant sur nous avec fracas. Par de telles chaleurs, elles sont d'une avidité extraordinaire et détruisent tout ce qui peut avoir quelque humidité. C'est ainsi qu'elles nousdévorèrent le coin d'une de nos serviettes, et que, pour nous être un instant relâchés de notre surveillance, nous constatâmes qu'elles avaient fait, en quelques minutes, un trou de la grosseur d'une orange dans une pastèque que nous avait offerte le cheikh d'un douar voisin.

Ce cheikh était un homme très hospitalier. Le soir il nous envoya un repas somptueux, pour le chef d'une petite tribu comme la sienne.

C'était au coucher du soleil, notre tente était dressée au pied de l'arc de triomphe, coloré en rose par le soleil, et notre domestique Ahmed avait mis devant elle la table sur nos malles.

Nous vîmes, à un moment donné, s'avancer vers nous le cheikh, beau vieillard, au visage encadré d'une grande barbe blanche. Derrière lui venaient ses serviteurs, portant sur la tête d'énormes plats remplis de couscouss et de quartiers de mouton. Deux autres tenaient par les oreilles une immense marmite en terre dans laquelle se trouvaient plusieurs litres d'une sauce brune très odorante. Nous prenons notre part de ces mets, fortement pimentés, dont par cette chaleur nous aimons la saveur et nous passons ensuite les plats à nos gens.

Ceux ci qui n'ont pas tous les jours de quoi manger tout leur saoûl s'installèrent en hâte autour des victuailles qu'ils

firent disparaître en quelques instants. La sobriété des arabes, comme celle du chameau, n'est qu'un pis-aller, une qualité qu'ils ont malgré eux, nous l'avons bien vu ce jour-là,
où il mangèrent au moins pour trois des nombreux jours de
diète qu'ils avaient subis dans leur existence.

La nuit était venue, la lune éclairait l'arc de triomphe, que
nous admirions encore le groupe que formaient aux pieds du
monument nos hommes, en train de digérer dans des poses
très pittoresques.

Si, de Zamphour, on se dirige vers le Sud-Ouest, après la
plaine du Sers, on rencontre celle des Zouarines, couverte de
champs cultivés, et dans laquelle on aperçoit, au milieu d'un
bouquet de verdure, le riant village d'Ebba. Une Société française y a, durant quelques années, exploité un vaste domaine,
d'une superficie de 14,000 hectares, qui est actuellement à
vendre.

Le caïd d'Ebba nous attendait au village de Ksour, où il
avait reçu l'ordre de nous prendre pour nous conduire aux
ruines de Medeïna. C'est un bel homme, à la figure épanouie,
et dont la jovialité, chose si rare en pays musulman, se com-
munique à son entourage. Nous le trouvâmes au moment où
il rendait la justice en plein air, mais non pas sous un chêne.
Il était tout simplement assis à l'entrée d'un café, sur un
grand banc de pierre. Il interrogeait un vieillard d'aspect
misérable, que nous vîmes avec étonnement tirer d'un vieux
sac de beaux bou-kouffas en or. (Le bou-kouffa est une pièce
de 15 francs). Le plus surprenant fut que, gagné par la gaieté
du juge et de l'assistance, il s'en alla lui-même en riant aux
éclats.

Comme nous désirions ménager notre caravane, qui avait
chaque jour une soixantaine de kilomètres à faire, et que
nous devions le soir même revenir coucher à Ksour, nous
laissâmes là nos gens et nos bêtes, et demandâmes des montures fraîches. Le caïd nous fit amener de splendides che-

vaux, et nous nous dirigeâmes, précédés par le chef entouré de sa suite, vers Medeïna.

Là nous attendaient une tente dressée à notre intention, et un excellent déjeûner.

Avant de prendre celui-ci, nous fîmes le tour des ruines, qui sont des plus pittoresques. Un grand arc de triomphe, —*(arc de triomphe)*, un temple, un mausolée, un théâtre très bien conservé s'y élèvent dans un site des plus riants. Un ruisseau serpente parmi les pierres écroulées, et si d'innombrables tortues passant leur tête au-dessus de l'eau ne nous regardaient avec étonnement pour plonger bien vite, nous nous serions crus aux bords d'une de nos rivières du Nord de la France : tant l'herbe croit touffue sur ses bords, tant les touffes de menthe poivrée y embaument l'atmosphère !

Le caïd, après une sieste passée sous la tente, nous reconduisit à Ksour, à la maison des hôtes, puis il prit congé de nous pour s'en retourner en son domicile, à Ebba.

Le lendemain matin, nous pénétrons dans un massif de montagnes élevées, le plateau des Oulad Ayar. De temps en temps on jouit, par les échappées des vallons, de vues immenses sur les plaines plus méridionales que nous traverserons les jours suivants.

Le chemin est rude, rocailleux, bordé de précipices, mais les vallons sont verdoyants, pleins de sources, plantés de jardins riches en vignes.

Nous passons par le camp de Souk el Djema, où je serre en passant la main à mes amis du 4ᵉ chasseurs détachés dans ce poste isolé, couvert de neige durant 4 mois, et nous arrivons bientôt chez mon ami le capitaine Bordier, contrôleur civil de Mactar.

Il habite dans un bordj tout récemment construit au milieu des ruines d'une ville romaine où l'on peut encore admirer de beaux monuments, dont je vous montrerai quelques photographies.

On peut faire aux environs de Mactar de charmantes excursions. Le village berbère de la Kessera, entre autres, est très intéressant, accroché aux flancs d'un plateau élevé, dans un vaste hémicycle de rochers, auprès de cascades dont l'eau court sur des rochers couverts de mousse.—*(Vue de la Kessera.)*

Mactar paraît avoir été surtout autrefois un centre agricole, et, de nos jours encore, la terre y est d'une extrême fertilité. Malheureusement, elle n'est pas à l'abri des fléaux qui, de temps à autre, fondent sur le sol africain. C'est ainsi que nous vîmes des champs entiers dévorés tout dernièrement par les sauterelles, qui avaient coupé les épis. On ne voyait plus que les chaumes décapités hérissant tristement la surface du champ.—*(Arc de triomphe de Mactar. — Mausolée).*

Au-delà de Mactar, on peut faire trois ou quatre journées de marche sans rencontrer un seul Français. Aussi, avant de continuer notre voyage, dus-je profiter de ce que je déjeunais avec les officiers du 4ᵉ chasseurs à Souk el Djema pour faire quelques provisions. Dans les postes militaires de l'Afrique, un officier peut toujours trouver le pain, le vin, le café et les viandes de conserves nécessaires pour éviter de se nourrir constamment de la cuisine arabe, très épicée et par suite très fatigante à la longue.

Après deux journées passées, à Mactar, à nous remettre au milieu d'une famille hospitalière des fatigues des jours précédents, nous nous dirigeâmes vers Thala.

Il était 2 heures du matin quand nous partîmes. On a coutume, en Afrique, de voyager la nuit, en été, afin d'éviter de marcher durant les grandes chaleurs.

Notre spahis et nos muletiers devaient nous attendre dans un douar du voisinage. Mais nous avions compté sans l'apathie de ces gens. Aucun d'entre eux n'était levé, aucune des bêtes de somme n'étaient arrivées.

Quand un pareil accident arrive en pays arabe, on n'a qu'un parti à prendre, c'est de s'armer de la précieuse qualité dont sont doués ses habitants, la patience. La nuit, très sombre, nous empêche de voir à deux pas devant nous. Aussi nous étendons nous philosophiquement sur le sol, enveloppés dans nos burnous, attendant ainsi notre spahis, parti au galop à la recherche des retardataires.

Que cette histoire serve de leçon à ceux qui voudront un jour voyager en pays musulman ! Commandez toujours votre personnel pour la veille au soir, et faites le coucher à la porte de votre chambre ou de votre tente. Vous serez certains de ne pas attendr . et quant à vos gens, ils dormiront tranquillement, roulés dans leurs manteaux, habitués qu'ils sont à passer ainsi les nuits chaudes à la belle étoile.

Grâce à ce retard, la journée fut très pénible. Nous avions à traverser une plaine désolée, inculte, coupée de profonds ravins, et sans eau. C'est comme une pointe, uu véritable prolongement que pousse le Sahara à travers le centre de la Tunisie.

Nous dûmes cheminer en plein midi, par une chaleur de plus de 40°, et il était une heure quand nous rencontrâmes, à Henchir Hamedâna, une source où nous pûmes nous reposer et manger un peu à l'ombre d'un vieux figuier.—*(La grand'halte)*.—Mais nous n'avions parcouru que 35 kilomètres et nous en avions encore presque autant à faire pour arriver à Thala. Il était nuit quand nous gravîmes le chemin glissant et bordé de ravins qui nous conduisit au pied de ce village. La lune qui commençait à luire nous permit de dresser tant bien que mal notre tente, et nous nous apprêtions à faire un dîner sommaire quand nous entendons qu'on nous souhaite, de dehors la tente, le bonjour en un excellent Français. Quel n'est pas notre étonnement de voir un employé des forêts dont j'avais, autrefois, soigné la famille au Kéf. Bien entendu, nous dûmes nous asseoir à sa table et prolonger la soirée plus que nous n'y comptions, car nous avions hâte de nous reposer.

Le lendemain matin, laissant à Thala nos gens, que nous viendrons retrouver le soir, nous nous dirigeons vers Haïdra, où sont des ruines romaines intéressantes : deux mausolées dont je vous montrerai tout à l'heure un, orné d'élégantes colonnades, un arc de triomphe, et une citadelle byzantine. Une rivière forme, auprès de la vieille forteresse, une jolie cascade sous laquelle nous prenons une douche, au risque de contracter la fièvre. Mais comment résister au plaisir que nous offre cette ablution, après une journée aussi chaude que la précédente ? Nous cueillons ensuite un beau cresson qui pousse près de là, et allons nous installer dans la maison de la douane. La frontière algérienne est en effet, toute proche. Tebessa n'est qu'à une quarantaine de kilomètres d'ici. Un vieil agent tunisien nous permet de nous installer sur des nattes dans son bureau, et nous pouvons à loisir, durant la sieste, examiner son mobilier, ce qui n'est pas difficile, car il est d'une extrême simplicité : une table boiteuse et deux chaises sans paille. Cependant il a de nombreuses archives, mais ce n'est pas le soin de les conserver qui l'embarrasse. Il s'est contenté de jeter ses lettres, enroulées et longues comme les notes que les créanciers, dans nos féeries, agitent devant les princes ruinés, il s'est contenté dis-je, de les jeter à terre dans un coin.—*(Arc de triomphe. —Mausolée. —Forteresse byzantine et cascade)*.

De retour à Thala, nous allons, avec le khalifa, visiter le village. C'est, à proprement parler, plutôt un marché qu'un village, car les deux rues dont il se compose sont bordées de boutiques dans le genre des souks de Tunis, où nous retrouvons les commerçants et les industriels que nous avons vus à Souk-el-Arba, sous la tente. — *(Vue de Thala)*.

Au risque de détruire les illusions dorées que la lecture des contes des Mille et une nuits a pu vous laisser sur le faste et la magnificence des khalifa de Bagdad, je vous confesserai que le nôtre était tout simplement, comme ses administrés, un simple marchand. Sa boutique, comme les voisines, se compose d'une niche entourée de rayons où sont étalées des étoffes. A l'entrée, une planche placée en travers de la porte constitue le comptoir, et, entre celui-ci et le fond de la niche, il y a juste la place nécessaire pour que le marchand s'y tienne debout. Aussi, quand le khalifa nous invita à nous asseoir sur ce comptoir, dûmes-nous nous y installer le dos dans la niche et les pieds dans la rue, en regardant le va et vient des Bédouins venus au marché pour faire leurs emplettes. Il nous fait servir d'excellent café dans lequel il verse quelques gouttes d'eau de rose, et il asperge nos personnes de ce parfum.

Le soir, il nous envoie, à notre tente, le repas traditionnel, et vient, ainsi que l'agent des forêts, causer un instant avec nous.

Le lendemain, nous traversons d'abord un haut plateau, où s'élèvent de petites collines très vertes, toutes couvertes de pins. Dans les vallons il règne un peu d'humidité, et çà et là, auprès des puits, on voit quelques jardins.

La vallée de l'Oued Sbiba, où l'on arrive ensuite, offre de très beaux sites. Une forêt de thuyas en couvre les flancs. La rivière, très abondante, coule au fond d'un lit de 100 mètres de profondeur, aux parois profondément découpées, et bariolées de grandes ondulations roses et bleues. Quand on descend vers le fond du ravin, on passe de la forêt de thuyas dans une forêt de lauriers-roses, hauts de 4 à 5 mètres et couverts de fleurs, énorme bande de pourpre éclatant qui s'étend à perte de vue en suivant les caprices de la rivière. Ces arbres s'inclinent en une voûte obscure au-dessus du chemin ; d'énormes lianes épineuses accrochent les habits, et nous nous vengeons de leurs meurtrissures en cueillant les grosses et exquises mûres qu'elles nous offrent.

Peu à peu, la vallée s'élargit, l'eau, divisée en de nombreuses rigoles, arrose de vertes prairies. On est alors à l'entrée de la plaine des Ouulad Majeur.

Nous envoyons notre spahis avec un pli de recommanda-
tion vers un caïd qui campe là. Si Mustpha ben Caddoum, et
nous nous arrêtons à 600 mètres du douar.

Nos muletiers commençaient à décharger les bêtes, quand
nous voyons le chef arriver vers nous, au grand galop. Après
les salutations d'usage, il insiste tellement pour que nous
nous installions dans son campement, que nous ne pouvons
lui refuser cette marque de confiance.

Cette perspective, d'ailleurs, nous séduit assez, le caïd
Mustpha est le premier grand chef, franchement nomade,
habitant sous la tente, que nous rencontrons et je suis heureux d'offrir à mon compagnon de route l'occasion d'étudier
de près les mœurs des Bédouins. —*(Campement de nomades,*
—Portrait du Caïd.)

Notre hôte est, d'ailleurs, d'un abord peu sympathique, et
peu communicatif. Aussi la conversation languit-elle, tandis qu'assis près de lui nous attendons le repas.

Un des désagréments les plus grands de l'hospitalité arabe
c'est l'heure à laquelle on sert le repas. Après un parcours
de 60 kilomètres, par 40° de chaleur, rien n'est plus ennuyeux
que d'attendre, alors qu'on n'a qu'un très vif désir de manger
pour se reposer de suite. Ce jour-là nous étions arrivés à 3
heures de l'après-midi, et malgré mon insistance pour être
servis de suite, le dîner n'arriva qu'à 9 heures.

Les domestiques du caïd apparurent enfin, portant d'innombrables plats sur ces larges bancs qui servent de table
aux nomades. Dans un grand plateau de bois il y avait d'a-
bord le couscouss, bigarré de poivre vert et rouge, à côté de
piles de galettes en pain non levé toutes chaudes, et, dans les
assiettes, des morceaux de viande brune nageant dans une
sauce d'huile, dorée par le safran, ou de grands quartiers
roses de pastèques. Sur une autre table étaient les bonbons
en sucre fondu, et les gâteaux au miel, en pâte feuilletée.

La fatigue nous empêche de savourer ce repas, que je vous

ai décrit sommairement pour vous donner une idée de ce que sont les grands dîners dans le pays.

Le lendemain, nous allons avec le fils du caïd visiter les ruines de Sbiba, puis nous revenons au campement.

A peine étions nous de retour, que le sirocco, le vent du désert, se met à souffler, agitant furieusement la tente où le caïd nous a logés. Peu à peu la tourmente s'accroît, la poussière se soulève en tourbillons qui pénètrent jusqu'à nous et elle se dépose sur nos vêtements, elle se mêle à la sueur qui couvre nos fronts, tandis que d'innombrables et énormes fourmis grimpent sur nos lits. De guerre lasse, nous fuyons et nous nous réfugions dans le kib voisin. Le kib est une hutte construite avec des branches de lauriers-roses. C'est la salle d'audience du caïd. Nous le trouvons assis sur un tapis, silencieux, au milieu de ses sujets, également silencieux, et nous passons de cette façon notre après-midi, à regarder par la porte la plaine obscurcie où s'entremêlent de grandes colonnes de poussière. Quelle différence avec l'entrain du caïd d'Ebba et de sa cour !

Aussi est ce sans regret que nous disons adieu au chef indigène le lendemain matin.

Le pays où nous pénétrons est absolument désert, on n'y aperçoit ni campement, ni troupeaux. Durant des heures, nous suivons de longues pistes creusées par les caravanes dans les sables durcis. De temps en temps, nous croisons quelques convois de chameaux, cheminant en longues files, l'air indolent, mâchonnant quelque herbe desséchée cueillie sur la route.

A un moment donné, nous rencontrons une tribu qui émigre Un vieillard, coiffé d'un de ces immenses chapeaux dont les bords dépassent les épaules, est à cheval, en avant de la troupe, le fusil en bandoulière. Derrière, viennent les hommes également montés et armés, tandis que les serviteurs poussent, en criant, les troupeaux. De vieilles femmes, appuyées sur un bâton d'olivier, ou des groupes d'enfants accrochés en grappes sur le dos de petits ânes hérissés qu'ils talonnent, ont peine à suivre la troupe, au milieu des chameaux qui portent les piquets, les tentes, les ustensiles de ménage et jusqu'à des poules et des chats.

Vous savez que l'Orient n'est pas précisément le pays où fleurit la galanterie, et ne serez pas étonnés si je vous dis que, tandis que leurs maris vont à cheval, les femmes vont à pied. Quelques unes d'entre elles portent sur les reins, dans un chiffon, leur nourrisson. Il y en a de remarquablement belles, dans leur tunique bleue, avec leurs larges bijoux d'argent qui étincellent.

Elles nous regardent passer d'un air surpris et nous fixent de leurs grands yeux noirs, où se peint l'étonnement de voir des Roumis en ces régions écartées.

Vers dix heures du matin, nous arrivons à Sbeïtla. Nous poussons un cri d'admiration en apercevant la masse imposante des 3 temples, ruine fameuse entre toutes celles de l'Afrique. Je n'ai pas l'intention de vous décrire ces monuments, et quelques projections vous montreront mieux leur beauté et celle des autres ruines de l'antique Suffetula —*(Le triple temple. — Arc de triomphe du temple — Porte triomphale.— Pont-aqueduc. — Troupeau de chameaux au bord de la rivière).*

Ce qui surprend le voyageur c'est de voir les restes d'une ville aussi somptueuse au milieu du désert qu'il vient de traverser. Une question vient alors de suite sur les lèvres.

Pourrons-nous dans un laps de temps plus ou moins long rendre à ce pays son antique richesse ? Pour mon compte, j'ai la profonde conviction que la chose est possible, et que le Français n'échouera pas là où le Romain, avec des moyens moins puissants, a pu réussir.

L'alluvion fertile qui, autrefois, a porté de riches moissons, est toujours là, et l'eau si elle y est rare n'y manque pas.

A Sbeïtla même, une belle rivière, où nous nous sommes baignés, roule, au cœur de l'été, un liquide frais et abondant.

D'ailleurs, même dans ce pays, l'eau de rivière n'est pas absolument nécessaire pour la venue des récoltes.

J'ai bien vu, en plein Sahara — dans les années pluvieuses, il faut le reconnaître — croître de belles moissons. Il est, en outre, des cultures, comme celle de l'olivier, qui ne demandent de l'eau que dans les premières années, de sorte que l'on pourrait, en ne plantant à la fois qu'un certain nombre d'arbres, et, quand ceux-ci sont assez grands pour pouvoir se passer du liquide bienfaisant, en conduisant sur de nouveaux plants l'eau qui ne leur est plus nécessaire, on pourrait arriver à planter ainsi la majeure partie du pays. C'est probablement le procédé qu'avaient employé les anciens. En tous cas, les nombreux pressoirs antiques que l'on rencontre partout prouvent qu'une quantité considérables d'oliviers a existé autrefois dans cette contrée, maintenant inculte.

Au-delà de Sbeïtla, on entre dans une région qui forme la transition entre le centre de la Tunisie et le désert.

Le sol y est de plus en plus improductif, les plaines de plus en plus monotones. Elles renferment cependant un produit industriel important, l'alfa, dont les touffes épaisses forcent les pistes à se détourner.

A Kasserine, on rencontre encore, dans une rivière très large, un mince filet d'eau. Le caïd nous y reçut dans une belle et vaste tente, décorée intérieurement de broderies représentant des versets du Coran, des animaux fantastiques. Son campement est installé à proximité des ruines de Cillium, où l'on peut voir un des plus beaux mausolées de l'Afrique. — (*Mausolée de Kasserine*).

Nous fûmes bien étonnés de trouver encore ici un Français, installé depuis peu à Kasserine. Il vivait seul, à l'écart, dans un tombeau antique creusé dans le rocher. Son but était d'étudier les moyens de réparer un aqueduc romain, d'y ramener les eaux de la rivière, et de faire grâce à elles marcher un moulin. Vous voyez que, même maintenant, les travaux des Romains restent encore un bienfait pour le pays, puisqu'on peut les réutiliser.

La nuit fut troublée par les hurlements des chacals. Ces animaux sont très nombreux, et ils se répondent d'un bout à l'autre de la plaine par des cris stridents auxquels se mêle souvent aussi la plainte sinistre de la hyène. Ils poussèrent cette nuit l'audace jusqu'à venir dans notre campement enlever les restes de notre repas.

Le lendemain matin nous nous mettons en route pour Sidi Aïch à travers des gorges sauvages. On n'y aperçoit que des hyènes, des fauves qui ne craignent pas d'errer en plein jour dans cet affreux désert, qui est bien leur domaine.

Certes, on taxerait de folie quiconque, de nos jours, formerait le projet d'établir une station agricole en ce point, et cependant, les ruines d'habitations, les monuments n'y sont pas rares, et leur présence indique qu'il a été habité. Il me souvient d'une ferme antique située au bord du chemin, et dans laquelle s'élevaient encore, intacts, six pressoirs dont les montants, les rigoles, et jusqu'aux cuves abandonnées depuis 1200 ans étaient encore en place. Ceci nous prouve que ces montagnes dénudées ont été couvertes d'oliviers.

Nous faisons la grand'halte à Bir Oum Dzebbane (le puits aux mouches). C'est le seul point d'eau que nous ayons rencontré dans la journée. Je retrouve là ces belles scènes que j'ai admirées si souvent sous le soleil du Sahara ; troupeaux qui s'abreuvent, en bêlant, dans une auge antique que remplit un jeune pâtre aux bras nus, femmes, jeunes filles qui plongent dans l'eau leurs guerbas ruisselantes. — *(Femmes au puits)*.

Un village romain, dont on voit les restes, s'élevait près de là. Dans son cimetière on voit encore sur des épitaphes les noms de ses habitants. — *(Ruines d'un village romain)*.

Comme la journée menace d'être très chaude, nous avisons, au milieu du lit plein de galets d'un torrent, une touffe de lauriers roses, et nous décidons de nous y installer. Nous nous taillons à son intérieur une petite chambre au-dessus de laquelle nous recourbons des branches, et nous étendons au-dessus de la voûte ainsi formée quelques tapis.

Nous obtenons de cette façon un abri presque confortable où nous ferons la sieste Nous eûmes durant celle ci avec l'un de nos muletiers une amusante conversation. C'était un brave arabe des environs de Mactar qui s'était engagé à nous accompagner jusqu'à Gafsa. Mais en route, à mesure qu'il s'éloignait de son clocher... pardon, de sa tente, il se prit à regretter sa femme, ses enfants, et surtout, je crois, le doux repos auquel il s'était arraché, tenté par l'appât d'un vain lucre.

Ce jour là il était particulièrement triste et il vint encore me demander à s'en retourner. Comme la chose nous eût singulièrement embarrassés nous ne pouvions faire droit à ce desideratum. Nous nous contentâmes de chercher à le consoler, lui disant d'abord d'une façon plaisante que nous tenions trop à lui pour nous en séparer et que nous espérions bien que, quoique d'après son engagement il devait nous accompagner jusqu'à Gafsa seulement, il viendrait bien plus loin avec nous. Voyant qu'il ne se décidait point, nous lui dîmes que quand il rentrerait chez lui on le considérerait comme un héros, qu'il aurait de longues histoires à raconter aux siens durant les longues nuits d'été, qu'enfin on l'appellerait Sidi, c'est-à-dire seigneur, et qu'on lui élèverait une noubba, c'est-à-dire une chapelle. Cette réponse finit par le dérider complètement et il ne me parla plus de s'en retourner pendant le reste du voyage. Si je vous rapporte cette conversation un peu enfantine, c'est pour vous montrer que les Arabes sont, en effet de grands enfants et qu'une histoire, une plaisanterie, les convainquent toujours bien mieux que le raisonnement le plus serré.

Nous nous étions remis en route dès 3 heures, et, le soleil déjà couché, nous en étions à notre soixantième kilomètre que nous n'apercevions point le puits de Sidi Aïch. Malgré nos craintes de nous perdre en ce désert, il nous était impossible de camper où nous étions, car nous n'avions plus de nourriture pour nous et nos animaux et surtout pas d'eau. Nous marchons donc dans une obscurité complète, mettant souvent pied à terre pour nous assurer que nous sommes bien sur la piste, si difficile à distinguer dans ces terres incultes. Nos vaillantes mules, enfonçant parfois dans le sable, trébuchent et ont à peine la force de se relever. Enfin, après deux heures d'une marche pénible, nous arrivons au puits. Mais nous n'étions pas au bout de nos peines. On nous avait affirmé que nous trouverions là un campement, mais nous avons beau héler aux 4 coins de l'horizon, personne ne nous répond. Il faut donc voir si nous avons quelque chose à nous mettre sous la dent. Nous pensons d'abord à nos mules, qui ont déjà pu se désaltérer, et nous leur distribuons quelques poignées d'orge que nous trouvons au fond du sac d'un de nos muletiers, puis nous les lâchons autour de la tente où elles pourront tromper leur faim en mâchonnant quelques racines. Quant à nous, nous trouvons au fond d'un sac quelques pommes de terre, des oignons écrasés et des croûtes de pain moisies oubliées depuis 8 jours Le tout, mêlé à un peu d'extrait de Liebig, et arrosé d'un peu d'eau tiède nous constitue un maigre brouet auquel nos gens ne veulent pas toucher, leur susceptibilité de musulmans leur faisant croire que notre Liebig était de la graisse de porc. D'ailleurs, philosophes comme tous les Arabes, ils s'étendent dans leurs burnous, et ne tardent pas à s'endormir. Heureux mortels, me dis-je alors, qui savent si bien mettre en pratique le proverbe : qui dort dîne ! Ils n'ignorent pas d'ailleurs que Gafsa n'est pas éloigné, et que demain leurs animaux auront, dans l'oasis, à foison, de la luzerne parfumée, et que d'immenses plats de couscouss les y attendent.

Mais le nom de Gafsa, que je viens de prononcer, me rappelle que je ne dois point vousconduire dans cette oasis, mon intention n'étant pas de vous parler du Sud. Je vais, pour achever de vous faire connaître le centre de la Tunisie, prendre notre caravane lorsqu'elle remonta vers le Nord, et vous parler d'un pays très intéressant au point de vue de la colonisation, le Sahel

C'est, en effet, une des parties de la Régencequi ont gardé quelque chose de l'antique prospérité de l'Afrique. A l'époque romaine toute cette contrée était couverte d'oliviers, et ces arbres y croissent encore sur une surface considérable. En outre, dans la campagne dénudée, on en voit encore quelques uns, isolés en petits groupes, qui sont les vestiges d'anciennes plantations. Leur présence est une preuve que tout à l'entour ces arbres viendraient à merveille. Le gouvernement tunisien, grâce à l'initiative de son directeur, M. Bourde, a profité de cette observation, et décidé d'y attirer les colons.

On a divisé en lots de vastes surfaces de terrains incultes mis en vente, si mes souvenirs sont exacts, au prix de 10 à 20 fr. l'hectare. Cette mesure aidera puissamment à transformer le pays, et l'on verra ici, comme cela s'est déjà vu en quelques autres points, de grands propriétaires de France, ne trouvant pas à faire valoir de façon assez rémunératrice leurs capitaux dans les terres de la Métropole, se constituer de véritables domaines en Afrique. On verra surtout des petits cultivateurs munis de quelques fonds s'installer dansces terres productives.

Comme à Sbeïtla, un monument considérable suffirait à nous montrer, si c'était nécessaire, quelle a été et quelle pourra être la richesse de ce pays.

Je veux parler de l'amphithéâtre, qui est un des plus grands du monde romain et dont vous pouvez admirer la beauté —(*Amphithéâtre d'El Djem, vue extérieure.—Détails de son architecture. — Vue intérieure*).

Après avoir visité ce beau monument, nous allons demander l'hospitalité au caïd des Souassis, dont on nous avait vanté l'affabilité. Dans la grande plaine où il habite, on nous indique de loin, comme étant sa demeure, une construction en planches, de forme bizarre, vers laquelle nous nous dirigeons tout en nous étonnant que le gouverneur d'une des tribus les plus puissantes de la Tunisie habite dans cette baraque, et non sous une tente de vastes dimensions, ou dans un bordj pittoresque. Nous le trouvons, en effet, assis sous une espèce de vérandah en planches, sur laquelle donnent deux petits cabinets justes assez grands pour contenir un lit. Ce sont là tous ses appartements. Le reste comprend une cuisine et un hangar, sous lequel on voit un magnifique landau qui lui sert à se rendre à sa maison de Sousse, où il a sa famille.

Le caïd est un homme d'esprit agréable, qui a voyagé en France en Espagne. Durant la soirée notre conversation roule sur les impressions qu'il en a rapportées.

Le lendemain matin, on nous donne de superbes chevaux, qui doivent nous porter jusqu'aux Seba biar (les 7 puits). Après 3 heures de trajet, nous apercevons le campement où l'on doit nous donner d'autres montures. Suivant l'usage, nous nous arrêtons à une centaine de mètres, en appelant. Voyant que personne ne nous répond, nous nous dirigeons vers la tente la plus élevée, qui doit appartenir au chef. Nous n'y trouvons que quelques femmes et un vieillard. Déjà notre spahis s'était avancé et leur avait fait part des ordres du caïd, déjà il avait mis la main sur deux chevaux, quand tout à coup les femmes qui s'étaient tues jusque-là se précipitent sur lui et cherchent à lui arracher les rênes des mains, tandis que d'autres lèvent les bras au ciel en feignant de se déchirer le visage de leurs ongles, comme elles ont coutume de faire lors des calamités.

En voyant cela, j'ordonne au spahis de lâcher les animaux, et de faire chercher le cheikh.

Pendant ce temps, les femmes profitent de notre inattention, et détachent les chevaux qui se sauvent dans la plaine, bien certaines maintenant que nous ne les leur emprunterons plus.

Nous feignons de ne nous apercevoir de rien, et nous nous installons sous une tente, pour déjeûner. Elles se rapprochent alors de nous et tâchent d'apaiser notre mécontentement.

Tout en faisant cuire le pain sur un brasero elles nous causent en souriant, examinent avec curiosité nos vêtements, et s'intéressent aux évolutions d'un caméléon que mon compagnon de voyage a rapporté de Gafsa. Elles nous offrent même des galettes, que nous refusons dignement, tout en nous amusant de leur manège.

Après deux heures d'attente, voyant que le cheikh ne vient pas, nous montons sur les chevaux qui nous ont amenés et nous nous dirigeons vers un point où, nous dit un indigène qui passait par là, nous trouverons des montures fraîches. Après avoir franchi deux kilomètres, nous apercevons, en effet, un grand nombre de cavaliers et de chevaux, en leurs atours de fête. On célébrait un mariage. Les hommes, en bottes rouges, à l'éperon démesurément long caracolent ou galopent en tirant des coups de fusil chargés à blanc sur un groupe de femmes qui répondent aux détonations par le cri de fête, le you you strident. Autour d'une tente ornée de banderolles multicolores, de vieilles femmes surveillent la consommation du mariage.

Cette scène nous amuse un moment. Mais voyant après une demi-heure d'attente que les chefs se jouent encore de nous, et que l'on ne nous amène point les chevaux que nous demandons, nous partons au galop, en disant aux indigènes qu'ils auront de nos nouvelles, et suivis de notre spahis, qui habituellement si respecté s'éloigne en leur promettant toutes les foudres du caïd. Il faut croire que ces menaces pro-

duisirent leur effet, car nous avions à peine fait deux kilomètres que nous fûmes rejoints par deux cavaliers qui nous
donnèrent leurs superbes chevaux, richement caparaçonnés.

En ce fier équipage, qui jurait un peu avec nos habits usés
par un voyage de deux mois, nous marchâmes rapidement
vers Kairouan. Après avoir dépassé la sebkha de Sidi el
Hani, nous apercevons tout à coup au milieu de la plaine
les murs crénelés, les innombrables dômes, les minarets de
la ville sainte.

Il serait trop long de vous décrire les principaux édifices
de Kairouan. je préfère vous en montrer quelques photographies.—(*La grande mosquée.* — *Son minaret.*—*La mosquée
du barbier*).—Les rues sont très animées, et dans les Souks,
qui rappellent un peu ceux de Tunis, on peut voir travailler
les tisserands qui font des tapis renommés, et les chaudron-
niers qui, avec un outillage assez primitif, fabriquent de cu-
rieux objets de dinanderie.

Au nord de Kairouan est une longue et monotone plaine,
interrompue par un beau lac aux eaux d'un bleu foncé que
l'on appelle la sebkha Kelbia. Plus au nord est le fameux
domaine de l'Enfida, long comme un département puisqu'on
le traverse sur une longueur de 50 kilomètres. Sa surface est
de 150,000 hectares. Au centre, s'élève le village de Dar-el-
Bey avec sa belle ferme, son église, ses maisons, et à l'entour
s'étendent plusieurs centaines d'hectares de vignes dont le
vin est estimé. On fabrique aussi, à Dar-el-Bey, une excel-
lente eau-de-vie, que nous avons dégustée au sortir de l'ap-
pareil distillateur.

Comme bien on le pense, la société ne peut exploiter une
telle surface. Elle en loue une partie aux indigènes, et elle y
a créé une certaine quantité de lots qui sont mis en vente au
prix de 120 francs l'hectare.

A l'ouest de l'Enfida vers le Djebel Zaghouan sont quelques forêts de thuyas. Dans la broussaille un chemin, par-
semé de sable fin d'un jaune foncé, contourne des buissons

de lentisques, ronds, très réguliers, aux feuilles luisantes. On se croirait souvent dans quelque parc gigantesque.

Sur les pics des montagnes on voit perchés de blancs villages tels que Takrouna, Zeriba, élevés par les Berbères, ces descendants des premiers possesseurs du pays, qui se sont réfugiés là-haut pour fuir tout contact avec les envahisseurs romains ou arabes. Auprès de Zeriba est un Hamman aux eaux tièdes, dans un paysage très pittoresque, que je vous montrerai tout à l'heure.—*(Dechra Zeriba. — Hammann Zeriba.)*

Zaghouan possède des jardins célèbres par leur beauté, par l'abondance des eaux qui les arrosent. C'est, comme Testour, une ville de Maures andalous. Ce qu'il y a de plus intéressant c'est le Temple des eaux, dont les ruines s'élèvent au pied du Zaghouan, dans un site plein de recueillement où jaillissent les sources dont l'eau portée par l'aqueduc d'Hadrien alimentait autrefois Carthage et alimente de nos jours Tunis. — *(Zaghouan. — Temple des eaux. — Aqueduc de Carthage.)*

A Zaghouan, nous sommes presque déjà dans le Nord, et il est temps que je m'arrête pour jeter, en terminant, un coup d'œil en arrière, et vous montrer, maintenant que nous connaî sons le pays, quel avenir lui est réservé.

Mais auparavant je tiens à vous demander pardon pour l'archéologue qui a quelquefois sous la peau du voyageur montré le bout de l'oreille.

Et d'ailleurs maintenant que vous avez vu en passant combien a été autrefois prospère la Tunisie, vous comprendrez, je pense, que, pour [avoir confiance en l'avenir, on puisse jeter un regard vers le passé, et que le géographe et le colon pourront avec fruit demander à l'archéologue quels sont les points qui ont été autrefois les plus peuplés, et qui par conséquent sont les plus fertiles, les plus riches.

Bien plus, dans la connaissance de ces splendides vestiges du passé qui couvrent le sol de la Tunisie et en font comme un vaste musée où les vases, les sculptures, sont remplacés par des monuments entiers, il y a aussi une question de patriotisme A ce point de vue, la Tunisie peut rivaliser avec l'Italie pour attirer les touristes. En faisant mieux connaître ces beautés de notre Afrique nous détournerons un peu à son profit le courant des voyageurs et drainerons leur argent vers notre colonie.

En outre, ces gigantesques travaux ont encore un intérêt plus pratique. Je n'en veux pour preuve que les citernes de Carthage, que nous avons réparées, et qui servent de nouveau, et celles du Kef, que l'on a remis en état avec 48,000 francs, alors que de l'avis des entrepreneurs leur construction eût coûté un demi million.

Il me reste à vous dire quels sont actuellement les résultats de notre occupation de la Tunisie, comment nous exploitons ces richesses tombées dans l'abandon sous l'action du fatalisme musulman.

Vous avez vu tout à l'heure avec quelle rapidité s'est développé Souk el Arba, vous avez assisté à la formation du centre agricole de Souk el Khemis. Eh bien, ce que vous avez vu là se passe un peu partout en Tunisie. A Meljez el Bad, à l'Oued-Zergua, à Zaghouan entre autres on trouve de prospères propriétés exploitées par des Français.

Le long de nos côtes, le mouvement est aussi accentué. A Tabarka, une colonie de pêcheurs bretons a été installée, et va tenter la lutte contre les étrangers qui étaient exclusivement les seuls jusqu'ici à travailler dans ces parages.

Vous avez certainement entendu parler des travaux de Bizerte qui vont faire de son lac un des ports les plus vastes et les plus sûrs du monde entier. Sa longueur est de dix kilomètres, sa largeur est de 13 kilomètres, sa profondeur de 12 à 13 mètres. Il pourrait contenir, dit-on, toutes les flottes de l'Europe, et il suffit de jeter les yeux sur la carte pour voir quelle est son immense importance au point de vue stratégique. — *(Le vieux port de Bizerte).*

Vous savez aussi quelles transformations subit Tunis. Tout en conservant à la ville arabe son cachet oriental, tant vanté des artistes, des boulevards, des monuments font de la ville française un séjour agréable. On va y construire un casino, on y crée un parc. Son port récemment inauguré ajoute l'animation d'une ville maritime à la gaieté d'une ville arabe, à la vie d'une capitale. au mouvement de ses souks.

Les ports de Sousse, de Sfax subissent des transformations analogues. Enfin tout au sud, à Gabès, il y a un petit port qui s'est développé avec une aussi grande rapidité que Souk el Arba. Quand nos troupes y débarquèrent on ne voyait là qu'une plage de sable, marécageuse, où se dressait une vieille forteresse arabe. Il y a maintenant des rues spacieuses, de beaux magasins.

Enfin un des reproches, très justes, que l'on a faits à la Tunisie n'aura plus sa raison d'être, celui de manquer de voies ferrées.

Les difficultés administratives qui avaient fait négliger cette question ont été vaincues, et le gouvernement tunisien a entrepris déjà la création de plusieurs lignes.

Tout fait donc prévoir que la Tunisie, avançant d'un pas sûr dans la voie où elle s'est engagée, sera l'une de nos plus belles colonies, et l'on ne peut trop admirer la rapidité avec laquelle elle se transforme.

Ces beaux résultats montrent d'une façon frappante toute l'énergie qu'il y a en notre race. Un tel spectacle est bien fait pour encourager, et quand on voit le magnifique essor que nos colons, que nos explorateurs savent donner à notre expansion coloniale, quelques soient les crises pénibles que traverse notre pays, on a le droit, que dis-je, on a le devoir d'envisager avec confiance l'avenir d'un peuple qui donne tant de preuves de sa vitalité.

———————